U0155700

PANORAMA

RENDERINGS OF INTERIOR DESIGN

室/内/设/计

全景模型效果图

建E室内设计网　编著

扫描二维码　添加客服

可下载278G方案设计模型

江苏凤凰美术出版社

图书在版编目（CIP）数据

室内设计全景模型效果图 / 建 E 室内设计网编 . --
南京 : 江苏凤凰美术出版社 , 2020.1
ISBN 978-7-5580-4526-4

Ⅰ . ①室… Ⅱ . ①建… Ⅲ . ①住宅 - 室内装饰设计 -
图集 Ⅳ . ① TU241-64

中国版本图书馆 CIP 数据核字 (2019) 第 241761 号

出版统筹　王林军
策划编辑　杜玉华
责任编辑　王左佐　韩　冰
助理编辑　许逸灵
特邀编辑　杜玉华
装帧设计　李　迎
责任校对　刁海裕
责任监印　张宇华

书　　名　室内设计全景模型效果图
编　　著　建E室内设计网
出版发行　江苏凤凰美术出版社（南京市中央路165号　邮编：210009）
出版社网址　http://www.jsmscbs.com.cn
总 经 销　天津凤凰空间文化传媒有限公司
总经销网址　http://www.ifengspace.cn
印　　刷　广州市番禺艺彩印刷联合有限公司
开　　本　889mm × 1194mm　1/16
印　　张　19
版　　次　2020年1月第1版　2020年1月第1次印刷
标准书号　ISBN 978-7-5580-4526-4
定　　价　399.00元

营销部电话　025-68155790　营销部地址　南京市中央路165号
江苏凤凰美术出版社图书凡印装错误可向承印厂调换

前言

本书精选了全国多家一线设计表现公司的500套最新室内案例，以室内设计的VR全景效果图为主。书中包含了435个家装项目、65个工装项目，涵盖了目前最流行的8种主流室内设计风格：北欧风格、法式风格、美式风格、欧式风格、现代风格、混搭风格、新中式风格、新古典风格。

本书配套的硬盘中是每套作品对应的资料包，资料包里包含500套全景图对应的模型文件，模型+贴图，设计师可以直接应用于方案，是设计师作图、谈单的制胜宝典。

使用指南：

一、如何使用《室内设计全景模型效果图》

1. 每个作品对应一个二维码和一个编码，扫描二维码可看全景效果图；

2. 联系客服，获得全部文件，根据编号找到相应的文件夹，即可找到本案例的相应模型和贴图；

3. 使用模型和贴图，可以制作自己的个性方案。

二、如何合成全景效果图

1. 登录建E室内设计网

https://www.justeasy.cn/index.html，通过“快捷上传”入口进入“合成全景”界面；

2. 完善作品信息；

3. 选择场景，可以从本地文件中选择3D MAX渲染好的图片，宽高比例为2:1，格式为jpg，每次可上传一张或多张；也可以从场景库中进行选择，场景库的图片为之前合成过的作品。

4. 点击“开始合成”，效果图上传完毕后开始合成，预计合成时间约3~5分钟。

注：①作品信息中上传的LOGO，建议为正方形，2MB以内，透明的LOGO需上传png格式。

②全景效果图只能上传2:1的图片，30MB以内。

目录

家装空间

008 客厅空间
008 北欧风格
010 法式风格
011 混搭风格
012 美式风格
014 欧式风格
018 现代风格
029 新古典风格
034 新中式风格

047 客餐厅空间
047 北欧风格
068 混搭风格
071 美式风格
079 欧式风格
088 现代风格
154 新古典风格
164 新中式风格

192 厨餐空间
192 混搭风格
193 美式风格
193 欧式风格
194 现代风格
197 新古典风格
198 新中式风格

200 卧室空间
200 北欧风格
201 美式风格
208 欧式风格
213 现代风格
237 新古典风格
238 新中式风格

239 卫浴空间
239 美式风格
240 欧式风格
240 现代风格
242 新古典风格
243 新中式风格

244 书房空间
244 欧式风格
245 现代风格
246 新中式风格

248 其他空间
248 茶室空间
250 休闲空间
251 玄关空间
253 衣帽间空间

工装空间

256 办公空间

262 餐饮空间

272 美容美发空间

275 网咖电玩空间

278 服装店空间

279 展厅空间

280 健身房空间

281 酒店会所空间

282 前台接待区空间

283 商店超市空间

284 销售中心空间

整装空间

288 家装空间

288 北欧风格
290 美式风格
291 现代风格
294 新古典风格
295 新中式风格

296 工装空间

296 工业风格
297 混搭风格
298 现代风格
302 新中式风格

家装空间

家装空间在室内设计中占很大的比重，国内的商品房买到手，一般空间规划方面可调整的幅度不大，但生活是自己的，我们还是可以通过装修来为自己的家注入个性的灵魂。

客厅空间

客餐厅空间

厨餐空间

卧室空间

卫浴空间

书房空间

其他空间

A01

A02

A03

A01

A02-1

A02-2

A03

A04

A04

A05

A05-1

A05-2

A05-3

A06-1

A06

A06-2

A07

A08

A07

A08

A09

A10

A09

A10

A11

A12

A13

A11

A12

A13-1

A13-2

A14

A14

A15

A16

A15-1

A15-2

A16

A17

A18

A19

A17

A18

A19-1

A19-2

A20

A21

A20

A21

A22

A23

A22

A23

A24

A24

A25

A26

A25

A26

A27

A28

A29

A27

A28

A29-1

A29-2

A30

A30

A31

A31

A32

A33

A32

A33

A34

A34

A35

A36

A35-1

A35-2

A36

A37

A38

A37

A38

A39

A39

A40

A40

A41

A42

A43

A41

A42

A43-1

A43-2

A44

A45

A44

A45

A46

A47

A46

A47

A48

A48-1

A48-2

A49

A49-1

A49-2

A50-1

A50

A50-2

A51

A51-1

A51-2

A52

A52-1

A52-2

A53

A54

A53

A54

A55

A55-1

A55-2

A56

A56-1

A56-2

A57

A57-1

A57-2

A58

A58-1

A58-2

A58-3

A58-4

A59

A59-1

A59-2

A59-3

A60

A61

A60-1

A60-2

A61-1

A61-2

A62-1

A62-2

A62

A63

A63-1

A63-2

A64

A64-1

A64-2

A65

A65-1

A65-2

A65-3

A66

A67

A66

A67-1

A67-2

A68

A69

A68

A69

B01

B01-1

B01-2

B02

B03

B02-1

B02-2

B03-1

B03-2

B04-1

B04

B05

B04-2

B05-1

B05-2

B06

B07

B06-1

B06-2

B07-1

B07-2

B08

B08-1

B08-2

B09

B09-1

B09-2

B09-3

B10

B10-1

B10-2

B11

B11-1

B11-2

B12-1

B12

B12-2

B13

B14

B13-1

B13-2

B14-1

B14-2

B15-1

B15

B15-2

B16

B16-1

B16-2

B16-3

B17-1

B17

B17-2

B18

B18-1

B18-2

B19

B19-1

B19-2

B20

B20-1

B20-2

B21

B21-1

B21-2

B22

B22-1

B22-2

B23

B23-1

B23-2

B24

B25

B24-1

B24-2

B25-1

B25-2

B26-1

B26

B26-2

B27

B28

B27

B28-1

B28-2

B29-1

B29

B30

B29-2

B30

B31

B32

B31

B32

B33

B33

B34

B34-1

B34-2

B35

B35-1

B35-2

B36

B36-1

B36-2

B37

B37-1

B37-2

B37-3

B38

B38-1

B38-2

B39

B40

B39-1

B39-2

B40-1

B40-2

B41

B41-1

B41-2

B41-3

B42

B42-1

B42-2

B42-3

B43-1

B43-2

B43

B44

B44-1

B44-2

B45

B46

B45-1

B45-2

B46-1

B46-2

B47-1

B47-2

B47

B48

B48-1

B48-2

B49

B49-1

B49-2

B49-3

B50

B50-1

B50-2

B51

B51-1

B51-2

B51-3

B52-1

B52-2

B52

B53

B53-1

B53-2

B54

B54-1

B54-2

B55

B56

B55-1

B55-2

B56-1

B56-2

B57

B58

B57-1

B57-2

B58-1

B58-2

B59

B59

B60

B60-1

B60-2

B61

B61-1

B61-2

B62

B62-1

B62-2

B63

B63-1

B63-2

B64-1

B64

B64-2

B65

B66

B65

B66-1

B66-2

B67-1

B67-2

B67

B68

B68-1

B68-2

B69

B70

B69-1

B69-2

B70

B71

B72

B71

B72-1

B72-2

B73

B74

B73-1

B73-2

B74-1

B74-2

B75

B76

B75-1

B75-2

B76-1

B76-2

B77

B78

B77-1

B77-2

B78-1

B78-2

B79

B80

B79-1

B79-2

B80-1

B80-2

B81

B81-1

B81-2

B82

B82-1

B82-2

B82-3

B83

B84

B83-1

B83-2

B84

B85

B85

B86

B86-1

B86-2

B87

B88

B87-1

B87-2

B88

B89

B90

B89-1

B89-2

B90-1

B90-2

B91

B92

B91-1

B91-2

B92

B93-1

B93

B94

B93-2

B94-1

B94-2

B95

B96

B95-1

B95-2

B96

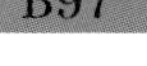

B97

B97-1

B97-2

B97-3

B98

B99

B98-1

B98-2

B99

B100

B101

B100-1

B100-2

B101

B102

B103

B102

B103-1

B103-2

B104-1

B104

B104-2

B105

B105-1

B105-2

B106

B106

B107-1

B107-2

B108

B109

B108

B109

B110

B110-1

B110-2

B111

B112

B111

B112-1

B112-2

B113

B113-1

B113-2

B114

B114-1

B114-2

B115

B116

B115-1

B115-2

B116

B117

B117-1

B117-2

B118-1

B118

B119

B118-2

B119

B120

B120-1

B120-2

B121-1

B121

B121-2

B122

B122-1

B122-2

B123

B123-1

B123-2

B124

B124-1

B124-2

B125

B125-1

B125-2

B125-3

B126

B127

B126

B127-1

B127-2

B128-1

B128-2

B128

B129

B130

B129

B130

B131

B132

B131

B132-1

B132-2

B133

B133-1

B133-2

B133-3

B134

B134-1

B134-2

B135

B136

B135-1

B135-2

B136-1

B136-2

B137

B138

B137

B138-1

B138-2

B139

B140

B139-1

B139-2

B140

B141

B142

B143

B141

B142-1

B142-2

B143

B144

B144-1

B144-2

B145

B146

B145-1

B145-2

B146

B147

B147

B148

B148-1

B148-2

B149

B149-1

B149-2

B150

B150-1

B150-2

B151

B151-1

B151-2

B152-1

B152

B152-2

B153

B154

B153-1

B153-2

B154

B155

B155

B156

B156

B157

B157-1

B157-2

B158

B158-1

B158-2

B159

B159-1

B159-2

B160

B160-1

B160-2

B161

B161-1

B161-2

B162

B162-1

B162-2

B163

B164

B163-1

B163-2

B164-1

B164-2

B165-1

B165-2

B165

B166

B166-1

B166-2

B167

B167-1

B167-2

B168

B168-1

B168-2

B169

B169-1

B169-2

B170

B170-1

B170-2

B171

B171-1

B171-2

B172

B172-1

B172-2

B173

B173-1

B173-2

B174

B174-1

B174-2

B174-3

B175

B175-1

B175-2

B176-1

B176

B176-2

B177

B177-1

B177-2

B178

B178-1

B178-2

B179

B179-1

B179-2

B179-3

B180

B180-1

B180-2

B180-3

B181

B181-1

B181-2

B182-1

B182-2

B182-3

B183

B183-1

B183-2

B184

B184-1

B184-2

B185

B185-1

B185-2

B185-3

B186

B186-1

B186-2

B187

B187-1

B187-2

B188

B188-1

B188-2

B189

B189-1

B189-2

B190

B190-1

B190-2

B191

B191-1

B191-2

B192

B192-1

B192-2

B193

B194

B193-1

B193-2

B194-1

B194-2

B195

B195-1

B195-2

B196

B196-1

B196-2

B197-1

B197

B197-2

B198

B198-1

B198-2

B199

B199-1

B199-2

B199-3

B200

B201

B200

B201-1

B201-2

B202-1

B202

B202-2

C01

C02

C01-1

C01-2

C02

C03

C03

C04

C04

C05

C06

C05-1

C05-2

C06-1

C06-2

C07

C07-1

C07-2

C08

C09

C10

C08

C09

C10

C11

C11

C12

C12

C13

C14

C13-1

C13-2

C14

C15

C15-1

C15-2

D01

D02

D03

D04

D03

D04

D05

D06

D05

D06

D07-1

D07-2

D07

D08

D08-1

D08-2

D09

D10

D09

D10

D11

D11

D12

D12

D13

D14

D13

D14

D15

D16

D17

D18

D17

D18

D19

D20

D19

D20

D21

D22

D21

D22

D23

D23

D24

D24

D25

D26

D27

D25

D26

D27

D28

D28

D29

D30

D29

D30

D31

D32

D31

D32

D33

D34

D33

D34

D35

D36

D35

D36

D37

D38

D37

D38

D39

D40

D39

D40

D41

D41

D42

D42-1

D42-2

D43

D43-1

D43-2

D44

D45

D44

D45

D46

D47

D46

D47

D48

D49

D48

D49

D50

D51

D50

D51

D52

D52

D53

D53

D54

D55

D54

D55

D56

D56

D57

D57

D58

D58-1

D58-2

D59

D60

D59

D60-1

D60-2

D61

D62

D61

D62

D63

D64

D63

D64

D65

D66

D65

D66-1

D66-2

D67

D67

D68

D68

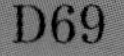

D70

D69

D70

D71-1

D71

D71-2

D72

D72

D73

D73

D74

D74

D75

D76

D77

D75

D76

D77

E01

E01

E02

E03

E02

E03

E04

E05

E06

E04

E05

E06

E07

E07

E08

E09

E08

E09

E10

E11

E11

E12

E13

E12

E13

F01

F01

F02

F02

F03

F04

F03

F04

F05

F06

F07

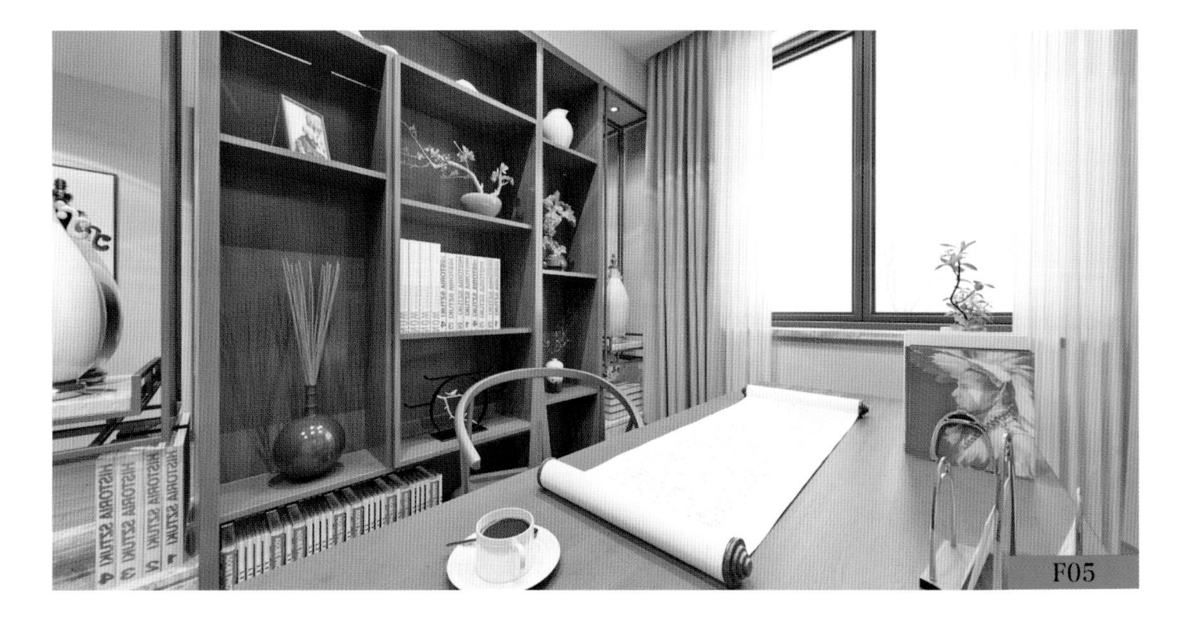

F05

F06

F07

F08

F09

G01

G02

G01

G02

G03

G03

G04

G05

G04

G05

G06

G07

G06

G07

G08

G09

G09

G10

G11

G12

G10

G11-1

G11-2

G12

G13

G13

G14

G14

工装空间

工装面对的是具有相同目的或共同特性的群体，专业分工较细。在设计上，要坚持“以人为本”的理念，进行工装空间设计与整体规划，前期应充分考量环境景观的设计、动线规划及使用效率管理、网络、照明、噪声处理及搭配等细节。创造一个完美的办公空间，不仅为客户提高工作效率，更提升客户的整体企业形象。

办公空间

餐饮空间

美容美发空间

网咖电玩空间

服装店空间

展厅空间

健身房空间

酒店会所空间

前台接待区空间

商店超市空间

销售中心空间

H01

H02

H01

H02

H03

H03

H04

H04-1

H04-2

H05

H06

H05

H06

H07-1

H07-2

H07

H08

H09

H08

H09

H10

H11

H10

H11

H12

H13

H12

H13

I01

I02

I01

I02

I03-1

I03

I03-2

I03-3

I04

I05

I04

I05

I06

I06

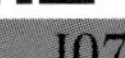

I07

I07

I08

I09

I08

I09

I10

I10-1

I10-2

I11

I11-1

I11-2

I12

I12-1

I12-2

I12-3

I13

I14

I13

I14

I15

I16

I15

I16-1

I16-2

J01

J02

J01-1

J01-2

J02

J03

J04

J03

J04

J05

J06

J05

J06-1

J06-2

K01

K01

K02

K02-1

K02-2

K03

K04

K03

K04-1

K04-2

K05

K05-1

K05-2

L01

L02

L03

L01

L02

L03

M01

M02

M03

N01

N02

N01

N02-1

N02-2

001

001

002

002-1

002-2

P01

P02

P01

P02-1

P02-2

Q01-1

Q01

Q01-2

Q01-3

R01

R01-1

R01-2

R02-1

R02

R02-2

整套空间

整体设计可以使空间中的风格、色彩、材料和施工工艺达到统一和协调的效果，整体空间的利用率得到很大的提升。

注：本章中，扫描二维码后点击“场景”可切换空间。

家装空间

工装空间

S01-1

S01-2

S01-3

S01-4

S01-5

S01-6

S01

S02

S02-1

S02-2

S02-3

S03

S04

S03

S04

S05

S05-1

S05-2

S05-3

S06

S06-1

S06-2

S06-3

S07

S07-1

S07-2

S07-3

S08

S09

S08

S09-1

S09-2

S10-1

S10

S10-2

T01

T01-1

T01-2

T01-3

T01-4

T02

T02-1

T02-2

T02-3

T02-4

T03

T04

T03-1

T03-2

T04

T05

T06

T05

T06-1

T06-2

T06-3

T07

T08

T07

T08-1

T08-2

T09

T09-1

T09-2

T09-3

T10

T10-1

T10-2

T10-3

T10-4

T10-5

T10-6

T10-7